I0502410

www.ingramcontent.com/pod-product-compliance
Lightning Source LLC
Chambersburg PA
CBHW081201180526
45170CB00006B/2179
* 9 7 8 1 5 4 1 2 0 7 7 4 5 *